AMERICAN MUSEUM ᴼꜰ NATURAL HISTORY
THE ULTIMATE GUIDE

美国自然博物馆
终极指南

[美] 阿什顿·阿普尔怀特——著
Ashton Applewhite

沈辛成————————译

重庆大学出版社

鸟类、爬行类和两栖类
BIRDS, REPTILES, AND AMPHIBIANS
055

生物多样性与保育保护
BIODIVERSITY AND CONSERVATION
073

人类起源与世界文化
HUMAN ORIGINS AND WORLD CULTURES 095

地球与太空
EARTH AND SPACE 131

展陈与教育
EXHIBITION AND EDUCATION

析地球与太空中心，该中心面向 81
于 2000 年向公众开放，罗斯中心
投入使用令博物馆的建筑面积增加
5%。

/ 上 图 /

博物馆最为著名的西外立面, 该纪
是西奥多·罗斯福 (罗斯福是纽约州
33 任州长和美国第 26 任总统) 纪
堂的一部分, 经整修后于 2012 年重
开放。

简介
INTRODUCTION

这本书或许是你参观本馆后的留念，也可能是你探索我们馆藏的开始，不论如何，欢迎你来到美国自然博物馆，这里有无尽的神奇，无尽的发现，还有伴随你终生的灵感源泉！

美国自然博物馆创立于 1869 年，发起者是一群心怀公民意识的人，他们坚信纽约市应该有一座自然科学研究的中心，一处自然世界和人类文化的"公众教育"（popular instruction）基地。数个世代以来，本馆一直以此为己任，"通过科学研究和科学教育，发现、诠释和传播关于人类文化、自然世界和宇宙奥秘的知识"，对此我们孜孜以求；与此同时，本馆也在不断开拓创新。研究客观世界要有新方法，面对日益多元多样的观众要如何发掘如何教育，我们也在求新。

本馆在曼哈顿上西区独享 18 公顷土地，建筑面积达 160 万平方英尺，共有 25 座互相连通的楼栋及其所包含的 45 个永久陈列厅，其中包括罗斯地球与太空中心（Rose Center for Earth and Space）。本馆的永久展厅用"田野式导览"（field guide）展示自然世界和全球文化，话题类的特展则用于呈现和解读当下的复杂议题。本馆每年迎接来自全球各地的游客约 500 万人，更有数以百万计的人通过巡展、"太空秀"、浏览官方网页 amnh.org 以及其他线上内容与我们联系。我们朝气蓬勃的科研团队有 200 余人，其中包括生物学家、古生物学家、天体物理学家和人类学家。科研事业的核心，则是我们闻名世界的馆藏，这 3 200 万件标本与器物是地球生命史上无可替代的记录，如今又有冷冻组织切片、天体物理数据和基因组资料等新式馆藏加持。我们的科学家们奋战在科学最前沿，研究领域包括比较基因组学、文化冲突、保育保护以及人类健康等，他们的田野研究遍布全球，他们所用的实验室、计算仪器和成像装备设施都属世界一流。为我们的未来培训科学家，美国自然博物馆也发挥着举足轻重的作用，这里有西半球唯一的位于博物馆内的博士点——理查德·吉尔德研究生院（Richard Gilder Graduate School）。

　　美国自然博物馆一直以来都是博物馆教育界的先驱，进入 21 世纪，随着馆内戈特斯曼科学教学中心（Gottesman Center for Science Teaching and Learning）的成立，我们对优质科学教育的追求也日趋严谨，毕竟在当下这个被科学和技术推着走的世界，科学教育尤为关键。本馆正在营建更具创意的活动项目，包括建立跨行业的伙伴关系、赋能在校教师、提升学生在科学方面的学术成就。"城市优势"（Urban Advantage）项目是其中的典范，它由本馆牵头，与纽约市 8 个科研机构和纽约市教育部建立伙伴关系，这一模式在全美各地被广为使用。除了这些正式项目，本馆还提供众多寓教于乐、引人入胜、启迪思维的学习机会，既面向孩童和家庭，也面向普通受众，可谓老少咸宜。

　　美国自然博物馆既忠于科学、教育和展陈的悠久传统，又与时俱进，不做表面文章，今天的它为 21 世纪的需求和挑战提供独一无二的资源和人才支持。无论你是阅读这本书、亲身参观本馆，还是在线浏览，我都诚挚邀请诸位来到我们的世界，三顾四顾亦不嫌多。我可以肯定，它一定会令你充实，助你前行。

爱伦·V. 富特（Ellen V. Futter）
美国自然博物馆馆长

图 /
77 街的著名 "城堡" 外立面, 于
9 年整修完成。19 世纪 90 年代到
世纪 30 年代早期, 这里是博物馆
入口。

位于中央公园西街的博物馆入口大厅，西奥多·罗斯福大厅，是纽约州致敬其第 33 任州长及美国第 26 任总统的官方纪念建筑。大厅中央的场景十分"有戏"：这是一场想象出来的对抗，一方是进攻中的异特龙（Allosaurus），另一方是在保护幼崽的重型龙（Barosaurus）。这副重型龙骨架是世界仅有的不依靠外部支撑并用后腿站立的骨架，它是用仿其真实骨骼的石膏模型制成，以免真化石太重难以维持姿态。

现代哺乳动物
MODERN
MAMMALS

驼鹿（moose）是北美现存最大的食草动物。在一万年前，即北美大陆哺乳动物的大灭绝之前，大约有二十余种植食哺乳动物的体格比它们还大。

艾克利之

非洲哺乳动物厅

稀树草原，公象来袭，暮光之中，象牙冲天。在它所带领的象群周围是 28 个橱窗，里面定格了非洲野生动物的瞬间，从尼罗河中懒散的河马，到塞伦盖蒂草原上觅食的牛羚。

A great bull elephant threatens, its trunk raised in the savanna twilight. Around his herd, 28 windows capture the continent's wildlife in freeze-frame, from hippos wallowing in the Nile to wildebeest grazing on the Serengeti.

左页：
个景箱里是草原犀牛家中集大成者，是目前仅存的白犀变种之
一也灭绝。与马克斯·恩斯特相处多了，直到恩斯特笔的艺术画作
并中寥寥若干，对比 20 世纪末期人类杀戮的残酷，各景箱中的犀
牛才更加珍贵。

图7
7月，查尔斯里里里（Champlin-Como Expedition）组织战四
被时白犀生现已经几乎灭绝了。该（理查草动物的废墟让我更深及
之则以白犀之名，是图片初因方面焦点的物种自著，高之
的"西"(woo)与粤语中的"白"是同音。

1936 年，非洲哺乳动物厅向公众开放，无论是其美感还是所用技法都可谓是前无古人，时至今日该厅仍然是世界上最出色的博物馆陈列之一。这座展厅纪念的是卡尔·艾克利（Carl Akeley），他是本馆的标本制作师、发明家、探险家、环保者、雕塑师和自然摄影师。1909 年是他最先构想出这样的陈列，并亲手搜集了今日展厅内的许多标本。每一个景箱都忠实重现了某个特定地点在一天中某个特定时刻的样貌——每一片树叶，每一根羽毛，每一块岩石，每一寸光线，皆是匠心的凝聚。这些景箱依据科学家、随行画师以及摄影师在田野中一丝不苟的观察制作而成，它们生动再现了艾克利热爱和想要守护的自然世界。在艾克利的劝说下，比利时国王阿尔伯特创建了非洲第一座国家公园，本展厅中，山地大猩猩全景图所描绘的地点即在该公园之中。也是在这里，艾克利在他的第五次非洲远征中染病而亡，长眠于此。

/ 上 图 /

艾克利革新了动物标本剥制术

以往用干草和木屑填充兽皮的化

不同，艾克利先制作逼真的雕塑

再裹以兽皮，然后再将这些标本

群体的姿态呈现，并置于自然场

之中。

远 征
EXPEDITIONS

　　你所看到的景箱展厅背后，是一百多年前科学探索打下的底子，比如比利时殖民时期的刚果远征，上面这幅卡尔·艾克利的照片就是在那次远征中拍下的。这一优良传统历久弥新。美国自然博物馆近年来每年要发起一百多次远征，比如去马达加斯加的马洛杰基山（Marojejy Mountain），那里有稀有的变色龙可供采集；去印度古吉拉特邦（Gujarat）寻觅琥珀中的昆虫，好证明南亚次大陆与亚洲大陆之间曾有岛链相连；去蒙古的乌哈托喀化石谷（Ukhaa Tolgod），那里的化石地层有近百具恐龙骨架和数以千计的古代哺乳类和爬行类标本等待发掘；去太平洋上的帕迈拉环礁（Palmyra），观察珊瑚礁是如何在被扰动之后恢复原状的。远征带回了标本，充实了馆藏，解答了科学难题，并提出新的问题——科学家们接受感召再次启程，他们穿越沼泽，穿越沙漠，走过极地冰川，越过热带海洋。

吉尔与刘易斯·伯纳德家族之

北美哺乳动物厅

即便隔了一层玻璃，阿拉斯加棕熊巨大的身型仍会让你打个冷战，就像看到背景里壮丽威严的雪峰让你不禁颤抖一样。

Even behind glass, the towering Alaska brown bear evokes a shiver, as do the majestic peaks that loom behind it.

上页图中山峦起伏，银装素裹，这是博物馆画师和热诚的保育主义者贝尔墨·布朗（Belmore Brown）的作品，大角羊景箱中的背景壁画也是他的手笔，布朗还参与了阿拉斯加野生动物保护区的建立，也就是今天的迪纳利（Denali）国家公园。本展厅景箱中的壁画乃是全馆典范，从加拿大极地的纷飞大雪，到索诺兰沙漠（Sonoran Desert）的落日余晖，观众宛如身临其境，黄石（Yellowstone）国家公园、约塞米蒂（Yosemite）国家公园、火山口湖（Crater Lake）国家公园等名胜也一一奉上。

同样值得称道的还有这些景箱的细节之精：在狼的景箱中，两匹狼在明尼苏达州的极光之下奔跑猎鹿，鹿在雪地里惊惶留下的蹄印，步子由小及大，显示出了提速的过程。图景中的积雪由碎石屑制成，狼的影子则是通过颜料粉在石屑上的巧妙分布来呈现的。此厅1942年开放时仅有10个景箱，第二次世界大战期间进展迟滞，战后一番添置方有今日之盛。今天，此厅共有43个景箱，记录了北美洲壮丽的自然遗产。2011—2012年，此厅经历修缮，景箱旧貌重焕光彩。

/上图/
最为费力的修缮目标之一就是给色的皮绒重新上色，包括此厅中美洲野牛（bison）、郊狼（coyotes）、叉角羚（pronghorn）和麋鹿（elk）单是美洲野牛所需的七种颜色，需花费15天配制完成。

[图]

如布·佩里·威尔逊（James Perry Wilson）在名极知州莫哈韦沙漠创作生景艺术装置的背景。在他绘制的精美画中，这一画景最大的，暗淡的画面是主体自然的。反衬的堆一观都有驰使，威尔逊善于核疑图片，能为面前的绘图贴近真实景观。

[图]

美空威邻的和矢羚物种的组织细由美国国家公园署采集，属于木安布罗斯·莫奈尔分子和微生物研究藏（Ambrose Monell Collection r Molecular and Microbial search）的一部分，这一代表了北大品生物多样性范围收访代传收了60 000 份标本，它们被安管在氮瓶内，瓶内温度低于−190℃。

HALL OF
ASIAN MAMMALS

亚 洲 哺 乳 动 物 厅

为了制作这个展厅内的 12 个景箱，博物馆的标本制作师采用了卡尔·艾克利为艾克利非洲哺乳动物厅所开发的革命性的技法。

To create this hall's 12 dioramas, Museum taxidermists used the revolutionary methods developed by Carl Akeley for the Akeley Hall of African Mammals.

　　展厅的中央是一对亚洲象，游客们不禁要想，它们与隔壁展厅里非洲象比起来可小得多了。在它们周围，豹子（leopard）在休息，一只爪子扣在孔雀艳丽的尾羽上；白眉长臂猿（Hoolock gibbon）在树枝间荡来荡去；一头王气十足的水鹿（sambar）抬起了它沾血的前蹄，逼退了一群野狗。

　　1928 年，博物馆理事亚瑟·S. 弗尔内（Arthur S. Vernay）和英国上校约翰·C. 法恩索普（John C. Faunthrope）第六次，也是最后一次远征来到印度、缅甸和暹罗（现泰国），采集到这些标本。时过境迁，此厅展示的许多物种现在都受到盗猎和栖息地损毁的巨大威胁。等到 1998 年生物多样性展厅开幕之时，西伯利亚虎和大熊猫已沦为濒危物种，这还只是其中两例。保护这些物种与它们的栖息地，保护全球各地日益危险的物种，是博物馆使命的核心。

灵长类厅

至今仍存活的灵长类有超过三百种,包括人、猴、狐猴和猿等,它们都是由一共同祖先经过六千万到八千万年的时间演化而来的。

More than 300 primate species including humans, monkeys, lemurs, and apes are alive today, and all evolved from a common ancestor over the last 60 to 80 million years.

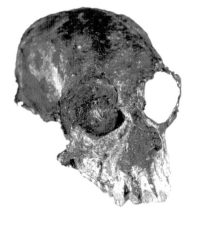

从侏狨（pygmy marmoset）到大猩猩（gorilla），灵长类大小不一。一些是树栖，一些则是地栖；一些靠食虫为生，一些则吃果食叶吮吸树汁。我们人类与这些同类远亲多有相似之处：以体型而言较大的脑部，可以握拳的手部，较长的寿命，敏锐的视觉，还有复杂的社会群体。但是猿类（包括人类）没有尾巴，而猴类则多有长尾。灵长类厅按科划分，通过骨骼、骨架和绘图，追踪各种灵长类共有与独特的体征。游客可以通过观察一系列特征，包括体态、体毛量、手与拇指的形状，来探索我们与这些令人着迷的同类远亲之间的关系。

化 石
FOSSILS

霸王龙（Tyrannosaurus rex）那尖锐的、刀一般的牙齿是用来撕开血肉的利器。连成一体的下颚骨或许能缓解猎物挣扎所产生的冲击力。

脊椎动物起源厅

此厅描绘了我们的脊椎动物先祖从水中爬上陆地的漫长旅程，这段进化之路走了五亿年之久。

This hall describes the journey of our extended vertebrate family from water onto land, an evolutionary sequence that stretches back more than 500 million years.

页 图 /

第四层的几个化石展厅是按照
化关系排布的。每个分支点标志
一组动物在进化中所共有的新特
比如四肢或者足蹄。这一名为支
类学（cladistics）的分类方法，
物按照共有特征归类，而开创
方法的正是博物馆的科学家。

页 上 图 /

鱼（Dunkleosteus）是凶猛的猎
是最早的有颚脊椎动物之一，也
皮鱼类（placoderm）中最大的
带锯齿的颚骨一面损耗一面
下锯齿不断抛磨则能永保
锐利。

页 下 图 /

龙（Tylosaurus）是沧龙属中的
头，它是生活在白垩纪的海生
也和其他非鸟类恐龙一样灭
白垩纪。双排牙齿，鳍足导向，
长而有力，海王龙是令人畏惧的
者。这具 28 英尺（约 8.5 米）长
架是 1899 年在堪萨斯州斯莫基
河（Smoky Hill River）的地狱溪
（Hell Creek）出土发现的。

图 /

骨架，和现在的鸟类及其恐
一样，其骨头是空心的。轻质的
一架，宽阔的翼膜，这些爬行类故而
为最早振翅飞翔的脊椎动物。

最早的脊椎动物是无颚鱼类（jawless fish），它们的颅骨和脊柱能够帮助它们在水生环境中移动、觅食和生存。之后出现的一些形体特征使它们得以移步陆上，这些发生在三亿六千万年前的变化虽然不够成熟，但却是革命性的。上下颚使猎食变得简单；四肢赋予了它们行走攀爬等各种运动能力；密封的卵则使它们不必非得回到水中去才能繁衍后代。自那时起，小到蜂鸟（humming bird），大到河马（hippopotamus），脊椎动物的身体形态都开始进化。它们不断进化，地球的每个角落都成了它们的栖息地。此厅中的250 件化石标本，代表了几乎所有存在过的脊椎动物群：各种鱼类；两栖类和它们已经灭绝的远亲——最早登上陆地的两栖类；鳄、龟、蜥蜴和蛇——最早的陆生动物的现存后裔；巨大的海洋生物，比如蛇颈龙（plesiosaurus）、沧龙（mosasaurs）和鱼龙（ichthyosaurs）等；翼龙（pterosaurs）——最早的飞行脊椎动物。

SAURISCHIAN DINOSAURS

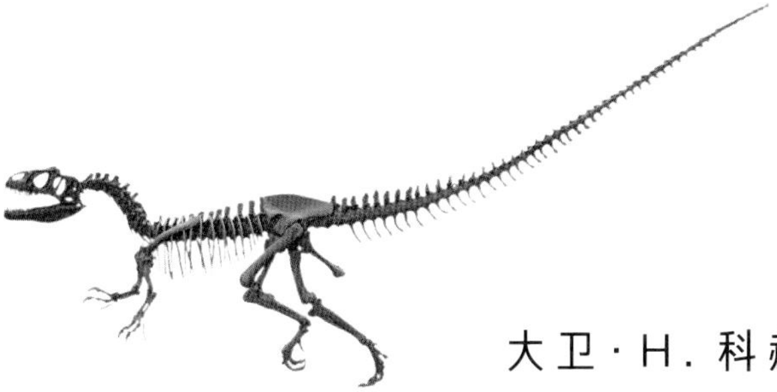

DAVID H. KOCH DINOSAUR WING HALL OF

大卫·H.科赫恐龙展区之

蜥臀目恐龙厅

我们电梯四楼的按钮永远是亮着的，因为恐龙大展在那一层。虽然这是博物馆的人气之最，但我们的恐龙馆藏更是世界之最，拿出来展览的不过是很小一部分。

The fourth-floor elevator button is always lit, because that's where the dinosaurs are—the Museum's biggest attraction and just a tiny fraction of the largest collection of dinosaurs in the world.

/上图/
随着新的化石发现与骨骼生长
物力学的研究深入，我们对霸
的科学认识几乎超过其他所有
科学家们甚至对部分现存生物
了解，都不如对霸王龙知道得清
中国东北部近期出土的化石标
明，霸王龙——包括这条雷克
王龙——在其生命的某个阶段
出蓬松的原始羽毛覆盖全身。

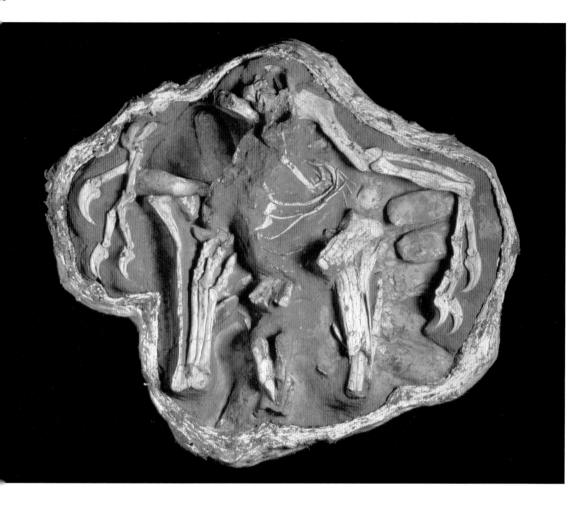

图 /
3 年,在蒙古烈火危崖(Flaming
fs)的红色沙土中,一位名为乔
奥尔森(George Olson)的实
技工的发现刷爆了全世界的头
史上第一窝保存完好的化石恐
巢边的动物当时被命名为窃
(Oviraptor),或者"蛋之盗贼"。
污名一直到七十年后才得以洗
因为博物馆科学家在蒙古的另
发现表明,一些恐龙是会孵蛋
就和现在的鸟类一样,那一窝蛋
就是窃蛋龙自己的。

　　蜥臀目恐龙厅中的恐龙皆是由前肢具有握力的祖先进化而来,本厅所呈现的是对恐龙的特征、行为以及与鸟类间的进化联系的最新认知。这里有本馆最迷人也最骇人的标本,比如雷克斯霸王龙和迷惑龙(Apatosaurus,之前被称为雷龙 Brontosaurus)。本厅在 20 世纪 90 年代重建时,科学家们给迷惑龙换了新的头骨,尾巴也变长变翘了,雷克斯霸王龙也从原本的"哥斯拉"式站姿改为低身追踪的姿态。这座骨架 85% 都是真的化石,这些六千六百万年前的骨头基本出自 1908 年蒙大拿州出土的同一个个体,其发掘者正是本馆传奇的恐龙猎人巴纳姆·布朗(Barnum Brown)。另一个赫赫有名的专家是自然学家和探险家罗伊·查普曼·安德鲁斯(Roy Chapman Andrews),他于 20 世纪 20 年代远赴戈壁沙漠,发掘出了大量恐龙和早期哺乳动物的化石,安德鲁斯后来出任美国自然博物馆馆长。

/ 上 图 /

巴纳姆·布朗足智多谋，身强体壮
穿戴永远是那么整齐得体，他从
征所及的世界各地寄回了120
箱化石。其中至少57具壮观的
标本还在展厅内，至今仍让游
遐思神往。

大骨头间
BIG BONE ROOM

　　古脊椎动物馆藏包含了大约 100 万件标本，其中只有一小部分（大约是总量的 0.02%）处于展出状态。剩下的都被藏在幕后，比如上图中名字起得颇妙的"大骨头间"。该房间中最大的馆藏，是长脖子的食草恐龙圆顶龙（Camarasaurus）的大腿骨，重达 650 磅（约 295 千克）。这个房间里的大多数骨骸都不适宜陈列展出，它们要么太大，要么太过脆弱，但是它们仍可供来自世界各地的古生物学家好好研究一番。

DAVID H. KOCH DINOSAUR WING HALL OF
ORNITHISCHIAN DINOSAURS

大卫·H.科赫恐龙展区之

鸟臀目恐龙厅

20 世纪 90 年代彻底翻修后，几大化石展厅连成了一整圈，讲述着脊椎动物进化的故事。

Completely renovated in the 1990s, the Museum's fossil halls now stand as a continuous loop that tells the story of vertebrate evolution.

四楼的化石展厅不是按照时间顺序布展的，而是按家族树。支序分类学依据动物的共有体征将其分类。对鸟臀目来说，这一共有体征乃是指向后方的髋骨[①]。此厅中有两件明星展品：其一是生活在一亿四千万年前的剑龙（Stegosaurus），其骨板沿背脊而生（此外，本馆还有迄今为止所发现的唯一一具幼年剑龙骨架）；其二是生活在六千六百万年前的三角龙（Triceratops），它的三只犄角挺立额前。关于这些远古的生物，仍有很多激烈的辩论：它们究竟是独居的还是群居的，是冷血动物还是温血动物，是机灵的还是迟钝的？在实验室和馆藏室里，古生物学部的科学家们正在运用最为先进的科技手段来寻求这些问题的答案。

① 译者注：

鸟臀目恐龙的髋部骨骼中，耻骨向后方，蜥臀目恐龙的耻骨则指下方，向前延伸。

/ 上图 /

这件令人惊叹的标本是加拿大出土的扁嘴的埃德蒙顿龙（Edmonsaurus）的"木乃伊"，其软组织纹样留在了其周围的岩石上。这为我们提供了极其罕见的线索，让我们得以看见恐龙的皮肤究竟是什么样的质感。

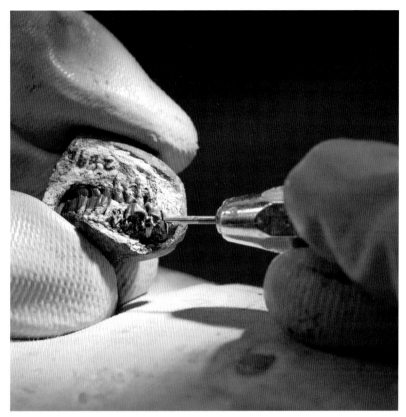

上图 /
博物馆五楼的化石准备室，心细
巧的标本制作师在用精巧的工具
飞进的胶水与溶剂将易碎的标本
岩石中取出，以便研究。

下图 /
物馆的计算机断层扫描（CT）人员
纯熟，无论是化石还是人类学
物，他们都能毫发无损地拍出高
的图片。

LILA ACHESON WALLACE WING OF MAMMALS
AND THEIR EXTINCT RELATIVES HALL OF
PRIMITIVE MAMMALS

莉拉·阿切森·华莱士之现生

及灭绝哺乳动物展区之

原始哺乳动物厅

此厅追溯哺乳动物进化树中低位的那些分支,包括地球上一些最奇异的生物:树懒、犰狳、负鼠、袋鼠,还有会下蛋的针鼹和鸭嘴兽。

This hall traces the lower branches of the mammalian evolutionary tree, which includes some of the most intriguing creatures on Earth: sloths, armadillos, opossums, kangaroos, and egg-laying echidnas and platypus.

译者注：

文提到的背上长帆的生物是异齿
，或者叫异齿兽，它是合弓纲动物
较早的代表，虽形似恐龙，现在科
家却普遍认为它与哺乳动物关系
近，可认为是现生哺乳动物的先
之一。此说的依据是颞颥孔上的
弓（人脸上的颧骨）数量的差别，
弓少而粗大是为了附着更多的主
咬合的肌肉，是哺乳动物的普遍
征。早期爬行动物和龟鳖类眼后
有颞颥孔，也就没有颞弓可言；恐
和鸟类有两对颞颥孔，都相对较
，也有两根较细的颞弓；所有哺乳
物，包括人，还有早期的类哺乳爬
动物都只有一对颞颥孔，该孔较
，两根颞弓相合，故而称为合弓纲。

这个关于大分化和大灭绝的故事，起始于恐龙时代之前数百万年，彼时背上长着巨"帆"的蜥蜴一样的生物统治着这个星球。它们被称为合弓纲动物（synapsid），眼眶侧后有一个大大的颞颥孔，这一特征是哺乳动物所共有的。[1]两亿年前，许多哺乳动物都已进化成型，但是个头能比老鼠大的没几个。随着大型恐龙的灭绝，这些生物迅速繁衍，变得越来越大，本厅中便有这样一组惊人的化石骨架：袋熊（wombat）与大地懒（giant ground sloth）的对比、雕齿兽（glyptodont）和剑齿虎（saber-toothed cat）的对比、迷你的鼩鼱（shrew）和迄今所知史上最大陆生哺乳动物巨犀（Indricotherium）的对比。这些动物的近亲进一步演化，学会了游泳、打洞、跳跃、爬树，甚至飞行。也是在对这些动物进行了研究之后，大灭绝与大分化的尘封故事才得以重见天日。

寸页图 /

些具有原始特征的动物，比如卵
的哺乳动物鸭嘴兽，它们被称为"活
石"。"活化石"这个词最先出自
尔斯·达尔文（Charles Darwin）
《物种起源》（On the Origin of
ecies）。

图 /

物馆的古生物学家于 2011 年发现
这一中生代哺乳动物的化石中，
含了科学家苦寻已久的确凿证据，
牛标本清楚记录了爬行类向哺乳
的进化转变。经过长时间的进化，
行类的多块颌骨逐渐变小上移，
后成了哺乳动物耳朵里传输声音
动的小骨头。

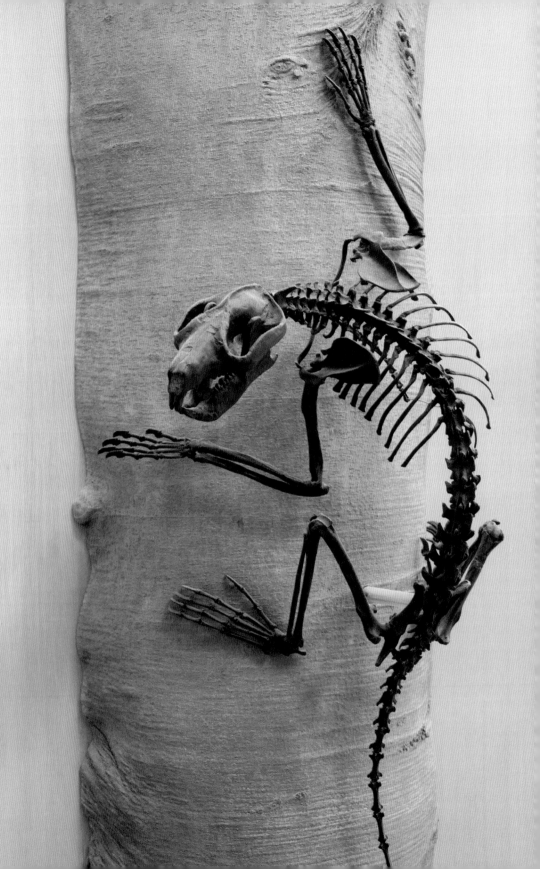

ADVANCED MAMMALS
AND THEIR EXTINCT RELATIVES HALL OF
LILA ACHESON WALLACE WING OF MAMMALS

莉 拉 · 阿 切 森 · 华 莱 士 之 现 生

及 灭 绝 哺 乳 动 物 展 区 之

发 达 哺 乳 动 物 厅

恐龙是化石展厅的明星没错，但博物馆的研究传统却是从古代哺乳动物开始的。博物馆的哺乳动物化石收藏规模也是世界之最。

The dinosaurs may be the stars of the fossil halls, but the Museum's tradition of studying ancient mammals came first, and its collection of fossil mammals is the largest in the world.

上 页 图 /

今所知最早的类灵长类哺乳动物，
猴（Plesiadapis cookei），它们生
在距今约五千六百万年前的北美
欧洲。更猴与真猴（euprimate）
近亲，真猴这一类别下包含了狐
、眼镜猴（tarsier）、猴与猿。

下 页 图 /

厅中最伟岸的骨架当属真猛犸象
标本，它出土于印第安纳州，生活
距今大约一万一千年前。这些以
着长毛著称的猛犸象被称为真猛
象（Mammuthus primigenius），
门生活在欧亚和北美大陆，当埃
大金字塔于三千七百年前完工之
白令海峡周遭的岛屿上仍有真
马象栖居。时至今日，博物馆的科
家还在研究从真猛犸象遗骸中提
的基因信息。

　　古代哺乳动物的采集起始于 1877 年怀俄明州的布里吉厄盆地（Bridger Basin）远征。1895 年，博物馆尚未发掘出恐龙的遗骸，但却先开出了一座规模完整的哺乳动物化石厅。当时的那座展厅，如今仍是莉拉·阿切森·华莱士现生及灭绝哺乳动物展区的一部分，非鸟类恐龙灭绝后兴起的哺乳类是此厅的主角。进化分支包含猫、海豹、熊、灵长类、马、鲸和象。大型哺乳动物曾经遍布北美大陆，比如猛犸象（mammoth）、乳齿象（mastodon）、剑齿虎、骆驼，还有大地懒，到距今约一万年前，它们开始逐渐消亡，历经数百年之久。关于它们灭绝的原因众说纷纭：气候突变、疫病横行、人类猎杀，不一而足。

鸟类、爬行类和两栖类
BIRDS, REPTILES, AND AMPHIBIANS

每每到了交配季节，雄性和雌性大白鹭（great egret）都会炫耀它们蕾丝一般的长羽，这种羽毛深受 19 世纪尾羽猎人的青睐，价格高昂。本馆的鸟类学家弗兰克·查普曼（Frank Chapman）参与制止用鸟羽装点女帽的风潮，白鹭数量自此才得以回升。

LEONARD C. SANFORD HALL OF
NORTH AMERICAN BIRDS

莱奥纳德·C.桑福德之

北美鸟类厅

1902 年开幕时，此厅是世界上首个致力于营建栖息地景箱的展厅。

When it opened in 1902, this hall was the first space in the world devoted to what are now called habitat dioramas.

/ 上图 /

在亚利桑那州的奇里卡瓦

（Chiricahua Mountains），博物

的西南研究站坐落其上，它既是

学家和学生们全年无休的田野基

又是赏鸟爱好者的胜地。此地i

有大约 265 个鸟类物种，包括 1.

蜂鸟和许多从中美洲、南美洲i

而来的种类。

　　此厅是由鸟类学家弗兰克·查普曼一手创建的，他深刻领会了景箱的妙用，此后数以百万计的本馆游客在这些引人入胜的橱窗前忘我地沉浸在自然世界之中，查普曼功不可没。此厅中景箱所展现的鸟类，大多受到栖息地流失和捕猎滥杀的威胁，此厅中的拉布拉多鸭（Labrador duck）就已不幸灭绝。查普曼大力呼吁保育保护，这令赏鸟的活动在美国蔚然成风，他开创了"圣诞节数鸟活动"（Christmas Bird Count）的传统，每年全球数以万计的鸟类爱好者都会参与其中，统计鸟类种群规模。在查普曼的领导下，博物馆的鸟类馆藏逐渐成为全球之最，全球已知品种中，99% 本馆都有收藏。查普曼的足迹遍布本厅所展现的各个地区，累计行程 90 000 英里（约 144 840 公里），从阿拉斯加到巴哈马群岛，这些鸟儿有的浮水而行，有的嘶哑啼鸣，有的振翅高飞，有的求偶炫耀，有的忙于捕狩，有的安居于巢。不过最经典的一景（见 58 页）却是采自哈德逊河（Hudson River），可谓近水楼台。该景箱中，一只游隼猎回了鸽子，正要给她嗷嗷待哺的三只雏鸟送去。

译者注：
德逊河是纽约市曼哈顿岛西侧的
条河流，以 17 世纪英国探险家亨
·哈德逊（Henry Hudson）命名，
可流直达纽约州北部，是纽约市
美国东岸的重要水道。

图 /
物馆的鸟类学部之下有路易斯·B.
·萝西·库尔曼研究所（Lewis
nd Dorothy Cullman Research
ility），该所是世界一流的分子系
实验室，利用基因信息研究各种
J之间的进化关系。系统学研究
育保护意义重大。例如，博物馆
鸟类学家就经研究发现，加州斑
、北方斑点鸮和墨西哥斑点鸮三
虽同属斑点鸮（spotted owl），
却是大不相同的三个亚种，其保
护手段也应当有所区分。

图 /
物馆专家带路的赏鸟行深受群
迎，尤其是春夏迁徙之季。图中，
类爱好者正在聆听博物馆一位资
类学家解说如何通过体征、栖
、行为和鸣叫来辨识各种鸟类。

世界鸟类厅

虽然有少数鸟种在世界各地都有发现，但是大多数都已经变得只适宜在某种特定区域生活了，个中演变过程着实令人赞叹。

A few bird species are found worldwide, but most have adapted to a particular region—sometimes in remarkable ways.

对页图 /
类中的主要大群，例如鹦鹉、鸽
鹬，几乎都是距今六千万年时一
出现的，彼此相隔不过几百万年，
个大群之间也都几乎没有什么过
形态。为何会有这样的情况？博
馆的鸟类学家正在努力攻克这一
解之谜。

：图 /
年"识鸟日"，数以百计的游客将
然世界里的蛛丝马迹带到博物馆
从蛋壳到石块，从羽毛到骨头，
跳蚤市场上的奇货到异国他乡的
品，都可以交由博物馆的科学家
一辨识。你只要拿得出，他们就能
寻出。

　　本厅中的 12 个景箱，每一个都描绘了一个生物群系（biome）及栖于其中的纷繁多样的鸟类。生物群系指的是有特定生物群体所栖居的某一地区，像是冰原带或是热带雨林。比如说，阿根廷大草原的草地上和沼泽间，鸟类形形色色，或食鱼，或食虫，或食种子，而在澳大利亚，既有喜好鲜果的鹦鹉和凤冠鹦鹉（cockatoo），又有不会飞但却能在不进食的情况下奔行数周之久的鸸鹋（emu）。天鹅与鹅徘徊在戈壁沙漠白湖（Tsagaan Nuur Lake）浅滩。南极洲附近的南乔治亚岛（South Georgia Island）上，国王企鹅（king penguin）在严寒中抱团取暖。安第斯山脉的高地上，翼展巨大的南美兀鹫（condor）正要着陆。制备这些景箱并非一帆风顺。在加拿大曼尼托巴省的丘吉尔镇（Churchill, Manitoba），画师弗里德里希·谢勒（Frederick Scherer）在田野写生途中曾被狼群盯上，谢勒鼓起勇气寸步不让，狼群这才散去。博物馆鸟类学部存有将近 100 万件鸟类标本，包括骨骼、组织切片、鸟卵、鸟巢及 800 000 件皮羽，这些标本被置于托盘之中，占了整整六层楼。

HALL OF
REPTILES AND AMPHIBIANS

爬行类与两栖类厅

和两栖类相比，爬行类其实与哺乳动物的关系更近。但是在过去，此二者在研究中却被视作同类，这是因为采集它们和保存它们的方法十分接近，都是把标本泡在液体里。

Reptiles are more closely related to mammals than amphibians. But historically they've been studied together because of how they were collected and stored, by preserving specimens in liquid.

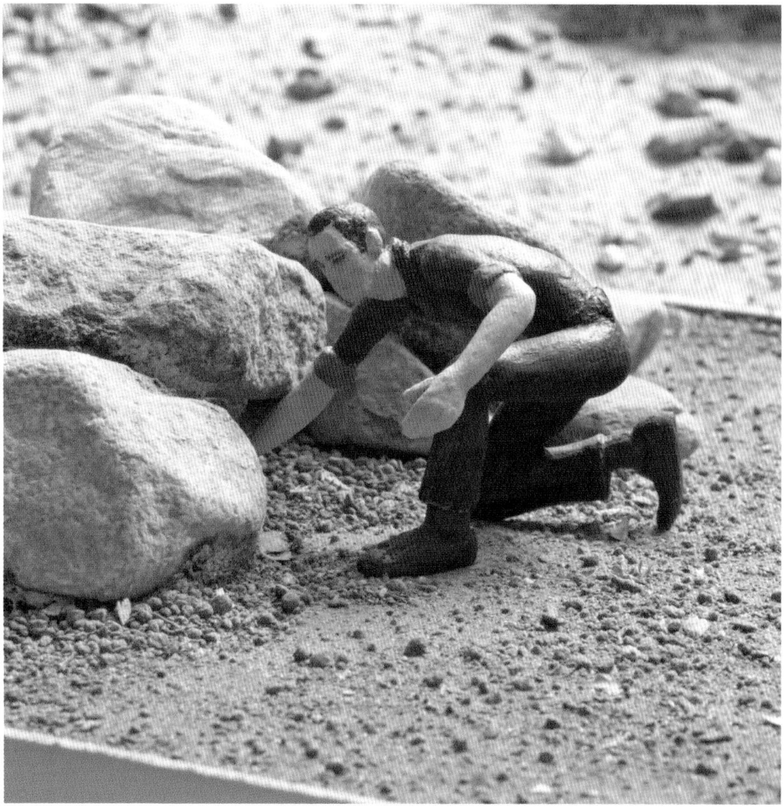

1869年创立之时，博物馆接收了德国探险家亚历山大·菲利普·马克西米利安亲王（Prince Alexander Philipp Maximilian）的博物学收藏，其中就包括了令人叫绝的南美蛇类与蛙类收藏。20世纪早期，这一馆藏数量翻了一番，标本数达到110 000件。其中一些是由蜡制成的，方便在最早的爬行类和两栖类生物展厅中陈列。今天的展厅中，两栖类位于走道右侧，爬行类位于走道左侧，两者生物学上的异同在大量标本的比对中展现得淋漓尽致。小到毒镖蛙（poison dart frog），大到象龟（giant tortoise），都有涉及。在科莫多龙（Komodo dragon）的景箱中，一只科莫多龙正在大快朵颐吞下野猪，另一只则用它长而分叉的舌头，感应空气中的化学变化。本馆的爬虫学[1]部是科研中心，馆藏标本350 000件，研究项目遍及美洲、非洲和亚洲大陆。

页图 /
有理查德·吉尔德研究生院博士
设立，本馆成了西半球首座有
授予博士学位的博物馆。博物
能运用的资源之广，设施之优无
拟，其中就包括计算机断层扫
(CT)。本馆的一位博士候选人
用CT给岩蜥蜴皮肤中装甲一
骨板成像。

图 /
道怎样会被蛇咬吗？你大概不
不过以防万一，我们在一个蛇的
里放了一组手把手教你怎么"作
的迷你景箱。

者注：
学（herpetology）是研究两栖
爬行类的学科门类。

生物多样性与保育保护

BIODIVERSITY AND CONSERVATION

三十五亿年的进化，造就了"生命光谱"（Spectrum of Life）展览中的全部生物，从微生物到陆地上和海洋里的庞然大物，细菌、植物、鱼类、哺乳动物、昆虫，无所不包。互动的电脑界面可以帮你辨识标本，并告诉你它们在地球上的分布。

CRUSTACEANS

INSECTS AND MYRIAPODS

SEGMENTED WORMS

THEODORE ROOSEVELT
MEMORIAL HALL

西奥多·罗斯福纪念堂

在西奥多·罗斯福身边坐下吧，他身上那件皱巴巴的衣服是他当选总统两年后造访约塞米蒂国家公园时穿的，这或许是保育保护历史上最为重要的一次野营之旅了。

Take a seat next to Theodore Roosevelt, sporting the rugged clothes he wore in Yosemite National Park two years into his presidency — possibly the most important camping trip in conservation history.

SNOWY OWL

COLLECTED, MOUNTED (1876)

AND PRESENTED BY

THEODORE ROOSEVELT

BIODIVERSITY AND CONSERVATION

由于小时候经常生病，罗斯福常在研读博物学，他逐渐掌握了标本制术，并开始采集属于自己的标本收藏。十二岁时，他将其中一些捐给了博物馆，包括 12 只老鼠，1 只蝙蝠，1 只乌龟，4 个鸟蛋，还有 1 枚红松鼠的头骨。这只雪鸮标本是他于 1876 年采集制作的，那一年他被哈佛大学录取，立志成为一名自然学家，1909 年，罗斯福将这件标本捐给美国自然博物馆。

对页下图/
这枚铜质奖章上，美洲野牛正在北达科他州恶地（Badlands）的西奥多罗斯福国家公园行走。奖章上铭刻着罗斯福 1912 年在进步派全国大会上发表的"信仰告白"演讲中的名句："在这个国家，没有比保育保护更大的事业。"

上图/
9 世纪的查科（Chaco）文化陶器，插图中的这一件，皆于 19 世纪晚期出土于新墨西哥查科峡谷，这一地区现在也是 1906 年《古迹法案》保护对象之一。新科技手段发现这些瓮皆是用来装巧克力的，巧克力在当时可是价值连城。古代普韦布洛人（Pueblo）想必是与远在南境的中美洲文化通商后方能获得此物。这件精美的陶器如今也是博物馆的著名馆藏之一。

　　为了纪念美国第 26 任总统西奥多·罗斯福，也是唯一一位出生于纽约市的总统，纽约州所建的官方纪念建筑群包括三部分——博物馆在中央公园西街的外立面，西奥多·罗斯福圆形大厅，以及这座新近修缮的展厅。本厅采用标本和互动的时间线陈列，追溯罗斯福总统的一生：从孩童时代的小小自然学家，到热衷于打猎的猎手，最后到具有远见卓识的保育保护人，罗斯福说过："让我们期待，有一天相机会取代猎枪。"展厅中央的一块奖章上，刻有一头美洲野牛，当年正是濒危的美洲野牛触动了罗斯福，使他意识到保存和管护自然资源的紧迫性，这在当时可是个非常新潮的主意。罗斯福极为恳切地汲取了弗兰克·查普曼、约翰·伯罗斯（John Burroughs）和约翰·缪尔（John Muir）在内的专家意见。缪尔在那次野营旅行中向总统谏言，建议他将约塞米蒂山谷扩容为约塞米蒂国家公园。罗斯福进而将约 2.3 亿公顷的土地纳入联邦管护，其中也包括北美哺乳动物厅中所呈现的几处地点。罗斯福也为美国西南印第安人遗址的损毁而深感不安，随即签署了 1906 年的《古迹法案》（Antiquities Act）。这一法案被罗斯福之后的总统们频繁使用，如今帕迈拉环礁（Palmyra Atoll）也在该法案的保护之下，在那里，生物多样性和保育保护中心的科学家们在密切监察珊瑚礁、海龟和海鸟的种群数量。

HALL OF BIODIVERSITY

生物多样性厅

灵长类厅，地球厅，太平洋人厅……这些厅的内容多有定式。但是要描述地球上的生命是如何多样，如何共生，如何脆弱，这可是完全不同的挑战。

Primates, Planet Earth, Pacific Peoples... we know what to expect inside those halls. Describing the variety, interdependence, and vulnerability of life on Earth is an entirely different challenge.

生物多样性厅是对这一复杂且紧迫的使命的回应，此厅不仅赏心悦目，知识内容也引人入胜。展厅一侧是细致入微的"生命光谱"，该墙面用1 500件标本和模型展现了三十五亿年进化历程中地球上生命多样性的恢弘壮丽场景。在展厅中央，观众可以穿梭于地球上最丰富的生态系统之一，沉浸在姜嘎桑嘎（Dzanga-Sangha）雨林的景色、声效和气味之中，这里的50万片叶子，每一片都是由本馆画师手工精心制备。这个景箱之后，是"生物简报"（BioBulletin）录像组，它们向观众解释了厄尔尼诺现象、栖息地碎片化、火灾等对生物多样性的冲击影响。人类的活动正在为地球的第六次大灭绝火上浇油，此厅除了警醒世人，也积极呈现世界各地的保育保护措施是如何恢复和保护关键生态系统的。博物馆许多科学家通过研究地球生命的组织、分布与历史，已经明确了生物多样性对保持我们今日所知生命之形态的重要性。未来掌握在我们手中。

/ 对页图 /

1993 年，博物馆创立了跨学的生物多样性与保育保护中（Center for Biodiversity a Conservation）。该中心的研究为对物种灭绝的复杂的政治经济决提供了科学框架。该中心的研究面向生物多样性丰富的地区，也面生物多样性受到威胁的地区，其作项目遍及巴哈马群岛、所罗门岛、越南，以及纽约市城区。

/ 上图 /

每年，"青年自然学家奖"（You Naturalist Award）的得主都会邀请来博物馆走一趟幕后之旅。年自然学家奖是一个面向七年级十二年级的全美范围的论文竞赛参赛者需要进行自己的科学研究这一活动是 1998 年生物多样性厅幕时发起的，其所嘉许的研究课包括对蜜蜂记忆存留的研究和对朗克斯（the Bronx）[1]鳄龟（snapp turtle）种群数量的研究等等。

译 者 注：
朗克斯是纽约市的五个大区之一，
于曼哈顿岛东北部，以黑人等少
民族裔社区集中而闻名。

IRMA AND PAUL MILSTEIN FAMILY HALL OF OCEAN LIFE

厄尔玛与保罗·米尔斯坦家族之

海洋生命厅

一具蓝鲸模型庞然奇伟，悬浮于"虚拟海洋"之中，它所俯瞰的是对地球上最大栖息地空间的沉浸式再现，上到日光斑驳的岛礁，下到伸手不见五指的深渊。

Floating in a "virtual ocean," a monumental model of a blue whale watches over an immersive representation of the largest habitable space on Earth, from sun-dappled reef to pitch-black abyss.

对居住在陆地上的生物来说, 海洋看上去不过是大而单调的一片蔚蓝,
但是波涛之下, 栖息地跨度之大, 生命种类之多, 令人惊叹。毕竟, 地球上
的生命大抵是从海洋而来, 主要的种群大多都在海里待过, 一些陆生动物,
比如海牛 (manatee)、海豹 (seal)、海狮 (sea lion) 和鲸鱼的祖先, 甚至又
从陆地返回到海里。此厅中七百五十余件海生动物的模型就是这种多样性
的写照, 大到 14 英尺 (约 4 米) 长的鲸鲨, 小到猩红色的管虫 (tube worm)
和微小的绿球藻 (green bubble algae)。栖息地景箱为我们窥视几种主要海
洋生态系统打开了一扇舷窗: 河口、红树林地、极地冰洋、大陆架、珊瑚礁、
海草森林、漆黑的中段水层以及深海海床。入口两侧是反映海生生物过去
十五亿年进化的"生命之树" (Tree of Life) 模型组, 从显微植物的繁盛,
到软骨和有骨鱼类, 甚至包括了哺乳类分支上最新的成员——一位水肺潜
水员。

蓝 鲸

THE BLUE WHALE

　　1969 年，当这具模型初装完毕时，人类虽然已经登陆月球，但是却还从未研究过活体的蓝鲸。此模型比英国自然博物馆（British Museum）和史密森学会（the Smithsonian）的模型还长出几英尺来，立刻就引来人气爆棚。海洋生命和鱼类生物学新展厅开幕后的第一个星期日，就涌入了 35 000 名游客，创下了本馆纪录。这具长达 94 英尺（约 28.7 米）的模型是由玻璃纤维和聚氨酯制成，重达 21 000 磅（约 9525 千克），取材于 1925 年在南美洲南端发现的雌性蓝鲸遗体。2003 年此厅经历修葺，蓝鲸亦经历"整容"，鲸眼不再暴突，着色也更为准确逼真，还添了一个肚脐，这个改进虽小，但却意义重大，毕竟这具模型展现的可是有史以来最大的胎盘哺乳动物。至今，我们对这一稀有的动物仍然知之甚少，蓝鲸一生中的绝大多数时间都在水下度过，远在我们视线之外。

北美森林厅

此厅展现了北美大陆壮美的森林，从安大略北部的云杉和冷杉，到亚利桑那沙漠的巨柱仙人掌。

This hall explores the continent's splendid forests, from a stand of spruce and fir in northern Ontario to a desert of giant saguaro cacti in Arizona.

此厅的景箱展现了每个栖息地中动植物共存共生的群像，不但孩子们为之着迷，就连世界级的艺术家，如摄影师杉本博司（Hiroshi Sugimoto）也为之倾倒。此厅的重点展品之一是红杉树的一块树干切片，其上标注了这棵树从幼苗长成参天巨物所经历 13 个世纪中的重要历史事件——比如公元 800 年，查理曼大帝 加冕。穿越时间后，另一件重点展品又带游客跨越尺度隔阂：森林地面的横截面被放大 24 倍，一条巨大的马陆（millipede）正在缓缓掘进，穿过一颗和低音鼓一般大的橡果。还有一只令人恐惧的、被放大了 75 倍的疟蚊（Anopheles mosquito）蜡质模型，它最早登台亮相时，纽约正在经历 1917—1918 年的疟疾大爆发，这种展陈手法不失为警醒纽约公众的好办法。

译者注：
里曼大帝（Charlemagne）是欧洲 纪早期法兰克王国的国王，是 统一西欧大部的君主，为后来 德国等现代国家的兴起奠定 史基础，有"欧洲之父"的美誉， 可见这棵红杉树年岁之悠久。

菲力克斯·M.瓦尔伯格之

纽约州环境厅

此厅以纽约州达切斯郡的四季变换为焦点，展现了田地与林地的周期节律，以及农林经济的相合之时与相合之地。

Focused on the seasonal and natural cycles of New York's Dutchess County, this hall highlights the rhythms of farm and forest and where the two meet.

达切斯郡地区多山、多湖、多林地，岩石构成千形万状，野生动物资源也很丰富。截面展陈展现了地面之下的生物百态，花栗鼠在囤了一堆的橡果上冬眠，蟾蜍则在鼹鼠打的地洞里蹲伏。到开春之时，蟾蜍回到池塘里交配，花栗鼠的窝里添了一堆幼崽，黄蜂蜂后为了繁衍蜂群占据了老鼠的空巢。此厅还描绘了日出而作、日落而息的农耕，包括当地苹果园和奶牛场的情景。自 1951 年向公众开放以来，此厅已经向一波又一波的学童们讲授了这一地区的地质史，讲述在帝国州 这美丽的一隅，岩石构成如何影响土壤，而土壤又如何塑造了生物多样性和本地的农业。

人类起源与世界文化

HUMAN ORIGINS AND
WORLD CULTURES

这是长达 63 英尺（约 19 米）的"大独木舟"（Great Canoe）的细部特写，此舟是用整株雪松(cedar tree)制成，由加拿大不列颠哥伦比亚省土著先民部落的工匠打造。自 1883 年入藏本馆，大独木舟一直都是本馆的镇馆之宝。今天它陈列在整修一新的"大画廊"（Grand Gallery）中央，连同大画廊一并修整一新的还有面向 77 街著名的"城堡"外立面。

ANNE AND BERNARD SPITZER HALL OF

HUMAN ORIGINS

安与伯纳德·斯皮策之

人类起源厅

1856 年发现的尼安德特人头盖骨是证明地球上曾经有其他人类生活过的最早的科学证据。

A Neanderthal skullcap discovered in 1856 was the first accepted proof that other kinds of humans once walked the Earth.

/ 上图 /
此厅之下的赛克勒比较基因组
和人类起源教育实验室(Sack
Educational Laboratory for Com
parative Genomics and Human O
gins),是博物馆首个配备亲自动
教育设施的展厅。学生和公众都
来此实验室,用 DNA 和化石证据
索古人类历史。

/ 下图 /
触摸屏装备在向观众解释古人类
家们,包括博物馆的科研人员,是
何在田野中发现化石的。

　　自 1856 年发现尼安德人头盖骨之后，又有数千件古人类化石出土，许多甚至分属多个不同物种，它们帮助古人类学家逐渐参透了一个问题：我们的先祖为何物，自何时起，从何而来。20 世纪 90 年代，基因学家也加入到研究队伍中来，用 DNA 探析现代人类之间的血缘联系，探索现代人类何以能做到一枝独秀。就像 DNA 的两股螺旋一样，这两条科学线索——骨骼与基因——在斯皮策人类起源厅交会，向观众描绘出了人类进化的"家族树"。本厅继续发扬本馆善于制作精致栖息地景箱的优良传统，用真人大小的造景还原史前时代的日常生活，提醒我们古人类先祖们通常不是猎人，而是猎物。此厅展出一具精雕细琢的尼安德特人骨架，还有"露西"（Lucy）和"图尔卡纳少年"（Turkana Boy）的面部复原，好让我们看见这些先祖的容貌。最终展区的图板探讨了我们这个物种未来的可能。此厅体现了博物馆各部门领先世界的跨学科研究实力，以前所未有的深度，探讨了人何以为人的命题。

译者注：

"露西"是出土于埃塞俄比亚阿法三角洲的古人类化石，她是距今0 万年前身高约 1.1 米的雌性南方猿，露西虽然脑容量很小，但骨盆腿骨却显示出直立行走的特征，故对人类进化史意义非凡；"图尔卡纳少年"化石距今 150 万～160 万年，属于 7-12 岁的雄性个体，其脑容量一般灵长类大，鼻部也不似猿猴样扁平，骨盆较现代智人窄，这或表明他已经不再栖居树上，而是全在地面直立行走。

HALL OF
NORTHWEST COAST
INDIANS

西北岸印第安人厅

这座怪诞夸张的展厅是博物馆最古旧的展厅，其所展示的是杰瑟普北太平洋远征（1897 — 1902）的研究成果，此次人类学调查的规模之大，在当时无出其右者。

The Museum's oldest hall, this dramatic gallery showcases research conducted during the Jesup North Pacific Expedition (1897–1902), the most ambitious anthropological survey ever undertaken.

/ 左图 /
博物馆的人类学部配有文物保护
验室,该实验室负责检测本馆馆
找出需要护理的器物。在最近一
对此厅中图腾柱的保护行动中
家们运用倍率放大和紫外光来
哪些是图腾柱的原有表面,哪
早年修复时所添加的物料,以
最佳修护方案,保护对象中就
中这根房屋立柱。

图 /
独特的宴饮器背鳍可以拆卸，
夸嘉夸族（Kwakwaka'wakw）印
之人在夸富宴（potlatch）和大型
集会上会使用到它。半人半虎
的肖像纪念了一位英雄神奇的海
部落之旅，在他的旅程中，有一头
为伴。这件器物是由弗朗兹·博
斯的田野顾问采集得来的，此人
叫乔治·亨特（George Hunt），亨
有一半英国人和一半特林吉特
Tlingit）血统[1]，又在夸夸夸族
之中长大，凭借这样的身份背景，
成了一名独树一帜的语言学家
族学家。

作者注：
吉特人是阿拉斯加东南部温带
里的母系氏族，其族名在土著
中作"潮汐之人"之意。

　　杰瑟普远征由当时本馆的学部主任弗朗兹·博厄斯（Franz Boas）领衔，因其在种族、文化和语言方面开创性的研究工作，博厄斯被誉为现代人类学之父。他当时想要确认最早的美洲先民是否是跨越极地陆桥从亚洲而来，故而研究了栖居于西伯利亚和北美洲西北太平洋沿岸的人群，探索他们在文化上和生物上的联系。远征队又是行船，又是动用狗拉雪橇，带回了包括船只、雪橇、武器、玩具、服饰在内的 11 000 件文物，以及展厅中并排而立的巨型图腾柱。远征队也对社会实践有所观察，采集了大量资料与人工制品，用蜡筒式留声机记录了音频，用数千张相片记录了影像，将相机应用于人类学调查在当时也属创举。一个多世纪后，我们与俄罗斯远东土著人群和学者之间的对话仍在继续，博物馆将部分档案相片归还给了当年被拍摄的社群，算是为双方修好尽一份力。

东部林地印第安人厅

图中这件锦绣麂衣不过是此厅中令人着迷的华服之一，它们所承载的是一种文化的价值观念和传统习俗。

Clothing like this elaborately embroidered deerskin coat, one of several intriguing garments featured in this hall, conveys a great deal about a culture's values and traditions.

这件衣服是由易洛魁人（Iroquois）缝制而成，易洛魁人是 17 世纪欧洲人来到北美时生活在这片大洲东部的农业社会群体之一。这件欧洲款式的外衣制于 19 世纪早期，上面的花卉图案由珠粒密密缀成，反映出他们当时与英法荷外来者已经有所接触。一来，往往是传教士向印第安人传授这样的母题图案，二来，如果没有商人和殖民者，就没有玻璃珠，也不会有金属工具、火器和其他货物在新世界的流通。一些易洛魁人与欧洲人的商贸网络交易与合作，这些人也促进了新材料的传播。独立战争之后，易洛魁联盟土崩瓦解，不少部落土地上缴美国政府，不过至今仍有相当数量的易洛魁族群居住于纽约州、安大略和魁北克。这其中就有莫霍克部落（Mohawk）的能工巧匠，他们的锻铁技术曾为纽约市 20 世纪 20 年代的摩天楼建设助以一臂之力。

译者注：
易洛魁联盟由六个部落构成，在美国独立战争中，其中两个部落与美结盟，另外四个则因为商贸连接密切而选择站在英国一边，因此独立战争期间，联盟发生分裂。

译者注：
莫霍克部落族民以其男性的独特发型著称，两侧剃光中间留长，亦即被称为"莫西干头"的发型。莫（一词源于莫霍克的形容词形式 ohican），与墨西哥并无关系。

平原印第安人厅

北美平原上的好猎手和好骑手没有采用欧式的母题图案，而是将新材料用在了本土的传统图案上。

Rather than adopt European motifs, the great hunters and horsemen of the North American Plains incorporated new materials into existing indigenous patterns.

正如这件 19 世纪达科塔州苏族（Sioux）女性外套所示，在传统的几何图案里，珠粒替代了豪猪刺茎，不止如此，这件衣服上还有用象牙贝（dentalia shells）制成的饰品，这种贝类是与西海岸印第安人通商才能获得。平原印第安人部族十分善战，直到 19 世纪末仍与共和政府纷争不断，这其中包括黑脚族（Blackfeet）、希达察族（Hidatsa）、达科塔族（Dakota）、苏族、夏安族（Cheynne）、阿拉帕霍族（Arapaho）和克罗族（Crow）。被战事逼入西部之后，这些印第安人彻底成了游牧猎手，文化风貌依旧灿烂，直到美洲野牛因过度捕猎近乎灭绝，才显出衰败迹象。20 世纪早期，博物馆的人类学家曾与土著人群一同生活，并加以研究，人类学家们与土著交易现钱或者他们想要的其他货品，用这样的方法换得了此厅中所展示的众多民族学藏品。

玛格丽特·米德之

太平洋人厅

1928 年，人类学家玛格丽特·米德出版了《萨摩亚的成年》一书，这本畅销书教会了无数读者如何仔细体察和开明善待其他文化。

In 1928 anthropologist Margaret Mead published *Coming of Age in Samoa*, the best seller that introduced countless readers to the value of looking carefully and open-mindedly at other cultures.

这件摩艾人祖先雕像的石膏复制
是 1935 年博物馆的工作人员在拉
努伊岛远征期间制作的。

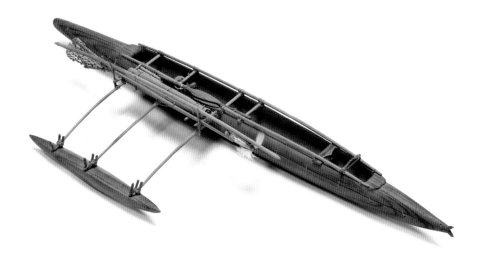

米德在南太平洋的田野工作为这里的陈列贡献了不少物件，她也是此厅最初的设计者。其中最为抢眼的一件展品，就是来自拉帕努伊岛（Rapa Nui）的摩艾人（moai）祖先雕像的复制品，该岛又名复活节岛，许多游客都是因为 2006 年上映的电影《博物馆奇妙夜》（*Night at the Museum*）而对这座雕像备感亲切。太平洋覆盖地球表面三分之一，其上有 25 000 座岛屿，复活节岛不过是其中之一。这数万岛屿中，有大约 10 000 座岛屿上仍有古文化存留至今，传统技艺和信仰与现代化的生活内容在这里相合相融。比如新西兰境内的一些毛利人（Maori），至今仍在制作精巧的木雕，此厅内所陈列的仓库上的饰件就是其中之一。这些仓库代表了祖先们的躯体，对太平洋上的社群来说意义重大，因为这些仓库是过去、现在与未来交汇共居之地。

译者注：
《博物馆奇妙夜》由著名喜剧演员斯蒂勒（Ben Stiller）领衔主演，述了美国自然博物馆中的藏品和象因为魔法而在入夜后活动起来奇幻故事。影片中，摩艾人祖先雕一直向主演索要泡泡糖，酷爱吹包泡，故而深受儿童喜爱。实际上卞除了部分关键藏品和外景拍摄到美国自然博物馆，内部完全是棚内完成，与博物馆的实景相去远。

图 /
玄外平衡体舟（outrigger canoe）宁是太平洋岛民的悠久习俗；因与两个船体并存，所以航行更为当。这件木舟模型是本馆新近引的藏品，它来自澳大利亚和夏威ロ间的岛国图瓦卢（Tuvalu）。

图 /
戚夷酋长是一个重要的、神圣的立，这件威风凛凛的披风是他的勿。能工巧匠们从 80 000 只鸟身下这些羽毛，才得以织成这件

加德纳·D. 斯陶特之

亚洲人厅

亚洲大陆从阿拉伯半岛一直延伸到白令海峡，坐拥数
个人口大国，博物馆的文化展厅中也属亚洲人厅最大，
可算是颇为相称了。

Befitting a landmass that stretches from the Arabian
Peninsula to the Bering Straits and is home to some
of the world's most populous countries, this is the
Museum's largest cultural hall.

/ 上 图 /

自 20 世纪早期起, 博物馆的科研
员就一直在亚洲收集各类葬礼上
用的纸质献祭品。本世纪初, 这类
品中出现了自行车 (如图中所示)
电饭煲、手机和笔记本电脑, 可以
论是生者还是死者, 都希望日子
过得更好些。

译者注：

是创立于 19 世纪末的法国著名品牌，也生产机车与自行车。19世纪晚期，法国开始在越南吞并土地，并在 1885 年中法战争后将越南纳为保护国。法属印度支那在"二战"期间被日本占领，"二战"后法国曾承认越南独立，一直到 1954 年签署日内瓦协定，才正式放弃领土扩张和殖民特权。时至今日，法国对越南当地经济、建筑、语言、风俗与烹饪文化的影响仍处处可见。

此厅所呈现的每种文化都是独一无二的，不过每种文化也都带有跨文化交流的痕迹：物流、宗教、发明创造以及人的移动迁徙，穿越沙漠，翻越山岭，跨越海洋。此厅主要展现了民族学家当时所观察到的文化习俗。其中的典型，就是萨满巫师（shaman）景箱，该景箱重现了 19 世纪晚期东西伯利亚的雅库特人（Yakut）的治愈仪式。杰出的人类学家伯托德·劳佛（Berthold Laufer）对本馆的亚洲民族学收藏贡献良多，他采集的标本中包括一组西藏面具，证明了 20 世纪之交时中国多种民族共存，114 页图中即为面具之一。博物馆的科研人员至今仍在不断添加优秀的藏品，比如 2003 年在越南采集的全尺寸标致（Peugeot）自行车。这辆自行车全部用纸制成，专门用于在丧礼上焚烧，可见传统习俗虽然亘古不移，但在应对外来影响的过程中，也在不断与时俱进。

HALL OF
AFRICAN PEOPLES

非洲人厅

此厅旨在深度呈现这片广袤大陆的文化风貌，不过与博物馆所藏的 45 000 件非洲藏品相比，这些陈列不过是九牛一毛罢了。

The exhibits in this hall, which include just a small percentage of more than 45,000 objects in the Museum's African collection, cover this massive continent in extraordinary depth.

/ 上图 /

此厅中所陈列的仪服匠心细腻

今日利比里亚的秘社入会仪§

所用，能使族群与其祖先神祇

相通。

/ 左图 /

来自中非的馆藏，多是远征中

所得，比如郎 - 查宾刚果远征

类学家赫伯特·郎（Herbert Lar

和他的助手詹姆斯·查宾（Ja

Chapin）带回了四千余件物品，

昆虫和两栖类标本、雕刻和织

乐器和工具等，其中就包括这

自尼安加拉（Niangara）的象牙

属刃的刀具。

从三千五百年前埃及的木乃伊猫，到加纳的阿散蒂（Asante）社会（下图）称量黄金所用的巧夺天工的黄铜砝码，此厅的收藏既具有历史意义，又反映日常生活。其中不少是针对同一类型物品的反复采集，以便研究者们追踪观察器型和技艺的发展和传播。此厅用物品来揭示其来源地社会的深度信息，展现族群与族群接触后冲突与涵化的发生。下一页图中所示的播棋（Mancala）就是一例，玩播棋不需要游戏双方语言相通，这样的文化自然而然就会传播开来，本厅收藏有四副棋具，其中一副是在奴隶贸易期间从西非发源，并随非裔人口远渡重洋来到美洲的。音乐也是自成一派的语言。此厅中会播放博物馆在 20 世纪 50 年代刚果远征期间制作的唱片，游客在"声"临其境同时，也会在陈列中发现演奏这些歌曲所用的乐器。

译者注：
散蒂王国位于今天加纳，是由语相通的多个部族组成的帝国，该是几内亚湾重要的黄金产地，该王权的象征即为黄金凳子。除了金，阿散蒂王国还盛产各种工业需矿物资源。该国在 19 世纪间四次成功抵御英国侵略，一直到2 年才沦为英国的保护国。

HALL OF
MEXICO AND CENTRAL AMERICA

墨西哥与中美洲厅

了解阿兹泰克、玛雅和这些中美洲伟大文化的最好途径是什么?

What's the best way to understand the Aztec, Mayan, and other great cultures of ancient Mesoamerica?

/ 上 图 /

这件萨巴特克瓮是一件陶质人形皿,出土于墨西哥的瓦哈卡(Oaxac在瓦哈卡,博物馆的考古学家1898 年起就一直在积极发掘考文物。博物馆文物保护实验室的家尤为擅长修复此种常常被用作具的瓮器。

① 译者注:

萨巴特克文明比大名鼎鼎的玛雅明历史更为悠久,考古证据显示,文明的源头可追溯到公元前 700 年延续两千多年后方被西班牙殖民治终结。萨巴特克陶瓮尺寸并不大高度一般不超过 30 厘米。萨巴特人宗教观念发达,以玉器面具和曜石刃为代表的葬具和礼器是其化的重要构成,反映出高度社会的生死观。

/ 左 图 /

这件精巧的玉雕制作于三千年前次进入学术记载还是在 1890 年矿物学家乔治·昆茨(George Kun记录。这件半人半兽的雕塑展现应该是萨满法师首领将自己变成洲虎后的样子。

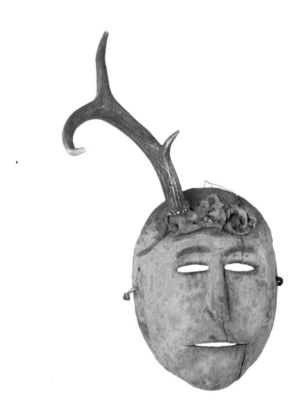

.图 /
件塔拉乌马拉（Tarahumara）
第安人制作的精美面具，是博
馆研究员卡尔·卢姆霍兹（Carl
nholtz）于1891年与土著人群同
司住期间所采集的。这件面具是
典中所用的礼器，象征保佑狩猎
者的超自然力量。尽管此厅是以
与器物为主，但是我们的民族学
藏中也有五千余件器物是从现生
化中采集而来。

那自然是考古学了，考古学是人类学学科，研究过去社会所遗留下来的物品，此厅所展便是一例。博物馆丰富的考古学收藏是长达一个多世纪田野工作的成果，我们的发掘始于 1899 年，博物馆首座墨西哥与中美洲考古学展厅也是开放于那一年。当时，对西班牙殖民之前的美洲文化史的考古探索方兴未艾。系统的发掘不但使考古学家得以呈现文化在历史长河中的演变，也使遗址与遗址间的横向比较成为可能，而出土的日常用品则揭示了西班牙殖民者到来之前美洲人演奏音乐、发动战争和制备食物的方式方法。这些新的信息催生了名为"中美洲"的概念：这一地区的文化多有共性，历史渊源古远，文化形态也与北美南美截然不同。此厅所展出的人工制品巧夺天工，它们来自奥尔梅克文明（Olmec）、萨巴特克文明（Zapotec）、玛雅文明和阿兹泰克文明，这些文明的大型城址位于今天的墨西哥、危地马拉和洪都拉斯，1521 年西班牙人征服中美洲之前，这些城市一直是这一带的宗教、政治、贸易和艺术的中心。

HALL OF
SOUTH AMERICAN PEOPLES

南美人厅

石器、金属器、陶片……这些都是考古学家经常打交
道的古代社会残迹。相比之下，织物就没那么常见了。

Stoneware, metalwork, shards of pottery... these are
the traces of ancient societies that archaeologists tend
to encounter. Textiles are rare.

/上图/

这副面具是由巴西亚马孙河流域塔皮拉佩人 (Tapirape) 所制，为的是战争中所杀敌人的灵魂，由士在庆典中佩戴。

/下图/

这副夸张的耳饰是用巨嘴鸟羽、璃珠和以美洲木棉 (ceiba) 为食大丽吉丁虫 (*Euchroma gigantea*)虹彩鞘翅制成的。亚马孙河上游阿尔 (Shuar) 文化中的男性在特的场会佩戴这种耳饰。舒阿尔的手工艺技术在此厅中并不只件，还有一件背饰用另一种色彩艳的甲虫哈密瓜金龟 (*Chrysoph chrysochlora*) 的鞘翅制作而成。

▪ 译者注：

洲考古分期一般以 1958 年出版的
美洲考古学的方法与理论》(Method
d Theory in American Archaeology)
书中戈登·威利 (Gordon Willey)
提出的五段论为准：公元前 10000
到公元前 8000 年的石器时期
Lithic)，公元前 8000 年到公元前
2000 年的古朴时期 (Archaic)，
元前 200 年之前各个早期文明出
前的形成时期 (Formative)，随
是以冶金业和宗教仪式中心为代
的古典时期 (Classic) 和显示出
市化和世俗化迹象的后古典时期
Post-Classic)。南美的考古学断
也以此为参照，但又有不同，比如
朴时期在形容秘鲁考古学文化时
用"前陶瓷"时代替代，当时这一
的社会虽然没有掌握烧制陶瓷的
巧，但是棉纺业已经极为发达。

　　然而，1946 年，在秘鲁北岸的一处名为普列塔圣山（Huaca Prieta）的土丘内，朱尼尔斯·伯德（Junius Bird）博士发现了新世界最早的织物残片，时代为距今约五千年前。博物馆的科研人员开创性地在显微镜下恢复了织物原貌，耗费了大量时间精力，这些残片展现了前陶瓷（pre-ceramic）文化精妙绝伦的编织技法。伯德出任博物馆南美考古学部主任长达 34 年，他格外重视织物在安第斯古代文明（Andean）中作为表达介质的核心作用，它们因为色彩、外形和母题图案而显得如此不凡。其中的典型之一就是帕拉卡斯文化（Paracas，公元前 800 年—公元前 100 年）所制作的披风（126 页图）。安第斯文化在冶金领域的成就也十分令人瞩目，此厅中就有五百年前印加帝国精致的皇家羊驼银像（下图），这件文物出土于今天玻利维亚境内的的的喀喀湖（Lake Titicaca）。除了展现新大陆被欧洲人发现之前的文化风貌，此厅还设有一个区域，专门呈现亚马孙雨林地区的工具、武器、礼器和令人惊叹的羽毛制品。

地球与太空
EARTH AND SPACE

罗斯地球与太空中心的海登球
（Hayden Sphere）由三根巨大的钢
铁支柱支撑，如同一尊三足器，游客
既可以在其周围行走，也能去底部
一探究竟。

弗雷德里克·菲尼亚斯

与桑德拉·普利斯特之

罗斯地球与太空中心

罗斯地球与太空中心于 2000 年 2 月向公众开放，它
是博物馆历史上最为雄心勃勃的项目之一。

Opened to the public in February 2000, the Rose
Center for Earth and Space is one of the most
ambitious projects in the history of the Museum.

该中心包含五个展陈空间，分别为戈特斯曼地球厅（Gottesman Hall
of Planet Earth）、库尔曼宇宙厅（Cullman Hall of the Universe）、赫尔布伦
宇宙走道（Heilbrunn Cosmic Pathway）、海登天文馆（Hayden Planetarium）
以及天体物理学部（Department of Astrophysics）。这栋七层高的建筑沐浴
在自然光照下，蔚为壮观，它既是研究重地，又是教育中心，也是建筑学的
奇观。其中心构件是重达 2 000 吨的海登球，熠熠生辉，仿佛悬于空中，包
裹着海登球的是全美最大的玻璃幕墙之一，晶莹剔透的"水白色"玻璃有
近一英亩之巨（约 4 000 平方米），动用了长达 2.5 英里（约 4 公里）的杆
索和 1 400 件固件方才筑起这样一层墙幕。罗斯中心根据物理学原理对各
展品现象进行串讲，上到宇宙的外沿空间，下到地球的内部运动，可谓一
气呵成。

海登天文馆

一代又一代纽约人早在海登天文馆还是旧日模样时，就已经迫不及待地前来探秘宇宙了。2000 年重开之后，这些老纽约人的子孙们得以去往更远的地方——可观测宇宙的尽头。

Generations of New Yorkers first raced to space in the original Hayden Planetarium. Since its reopening in 2000, their children and grandchildren have traveled even farther——to the edge of the observable cosmos.

　　罗斯地球与太空中心内，巨球高悬，该球体的上部就是新建的天文馆，它是世界上最大也是最具冲击力的虚拟现实模拟器。该影院共有 429 个座位，其中上演的"太空秀"采用最前沿的投影系统，根据物理学进行的计算机模拟和数以百万计的真实天文观察成果带领游客穿越我们至今可观察到的整个宇宙：行星、星团、星云与银河。这个"数码宇宙"（Digital Universe）是一幅三维云图，一切距地距离已知的天体都包含其中，本馆的天体物理学家们还会实时更新。海登天文馆远不只是华美的展陈空间，新馆改造之前的科普教育就深受民众喜爱，新馆传承了这一卓越的教育传统，并致力于将其发扬光大。

/ 上图 /
海登天文馆最早建成于 1935 年
用慈善家查尔斯·海登（Char
Hayden）的话说，该馆的使命就
让公众"形象地、真切地领略宇宙
大，以及宇宙之中每天都在发生
奇幻美妙"。

/ 下图 /
球体的下半部是海登的宇宙大爆
剧院（Big Bang Theatre）。它那
戏剧性的视觉效果以数码宇宙为
为蓝本，带领观众从脚下的曼
岛，回溯到宇宙诞生时的耀眼光
然后时间快进，星辰与银河纷纷
型，使观众宛若置身其境。

太空秀
SPACE SHOW

　　"太空秀"精彩得让人合不拢嘴,如科幻美梦一般叫人不敢相信,但你可别真不信。太空秀的视觉效果极其准确,完全是基于"数码宇宙云图"的真实数据制作而成的,这一已知宇宙的三维地图是数以百万计的天文观察实时更新和物理模拟的成果。开发太空秀所耗费的 18 个月里,每个步骤都有科学家的身影,他们与脚本作家、艺术家、制作人、行业专家、作曲家和来自世界各地的专业人员亲密合作,为的是呈现最棒的天体物理现象以及我们对它们最新的理解,比如星体碰撞是如何推动宇宙演化的,恒星是如何诞生又是如何湮灭的。

哈丽特与罗伯特·赫尔布伦之
宇宙走道

大爆炸发生在多久之前？宇宙和我们的地球又是如何
在那之后成为现在的样子的？

How long ago was the Big Bang? How did the cosmos
and our own planet Earth take shape afterward?

来赫尔布伦宇宙走道寻找这些问题的答案吧，这条 360 英尺（约
110 米）长的时间线沿"宇宙大爆炸"影院盘旋而下，将宇宙的历史徐徐呈
现。在最上端，观众可以用脚步丈量他们走过的百万之年（平均一步是
七千五百年），沿着坡道穿越一百三十亿年的宇宙演化。每经过十亿年，走
道上就会有一处标记，观众可以看到当时宇宙的大小和里程碑式的天文事
件，比如第一代恒星的出现，我们所居的银河系的形成，还有生命的进化出
现。那些宇宙的天体所发出的光，数十亿年前就开始向地球进发，观察完
它们之后，观众又迎来已知最古老的岩石和其他地质标本。在走道开始的
地方，说明牌被刻意留白，为的是给更久远的宇宙现象留出空间，这些现象
所发出的光仍未到达地球，所以目前我们还看不见。在走道的尽头你会发
现，人类的整个历史，在这块展板上不过头发丝一般粗细。

宇宙的尺寸

如果海登球和太阳一般大,那么地球该是什么大小呢?(和葡萄柚一般大。)

If the Hayden Sphere were the size of the Sun, how big would Earth be? (Grapefruit size.)

　　如果海登球与银河系的宽度相当,那么银河系中的一个星团该有多大呢?(和棒球一般大。)如果海登球是雨滴,那么红血球该有多大呢?(和你的手一般大。)要传达这样一组令人头大的尺寸比较,可以说是罗斯地球与太空中心的科学家、教育工作者和艺术家们最大的难题了。他们想出了什么好主意呢?那就是把天文馆本身利用起来:"宇宙的尺寸"(Scales of the Universe)是一段 400 英尺(约 122 米)长的步道,面向玻璃幕墙,位于球体下半,该展项是所有尺寸比较的基点。这一步道运用 10 的 n 次幂,形象展现了一系列物体的相对大小,大到银河系,小到次原子粒子。像这样跨越天文、生物和原子物理的学科藩篱,把各种尺寸直观比较,才能形象地标记我们人类在空间中的尺码坐标。

DOROTHY AND LEWIS B. CULLMAN

HALL OF THE UNIVERSE

多萝西与刘易斯·B.库尔曼之

宇宙厅

在这个敞亮的 7 000 平方英尺（约 650 平方米）空间内，
我们向着宇宙，一问到底。

This airy 7,000 square-foot (650-square-meter) space
explores fundamental questions about the universe.

/ 上图 /
重达 15 吨 的 威 拉 姆 特 陨
（Willamette Meteorite）是美国
内迄今所见最大的陨石，科学家
认为这块陨石是一颗小行星铁芯
一部分，数百万年前因与另一颗小
星撞击之后碎裂而生成。

/ 对页图 /
玻璃密封下的生态圈（ecosphere
是一小块自给自足的栖息地，用
展示说明生命产生之所需。在生
圈内，藻类从阳光中摄取能量，然
被虾食用。虾的排泄物又进而滋
藻类繁殖。

　　宇宙是从何时开始的？银河、恒星、行星是如何形成的？生命诞生所
需的要素是如何在星体内出现的？此厅的重点展项有"黑洞剧院"（Black
Hole Theater），引力挤压和时空扭曲在视效的加成下活灵活现；直径3英
尺（约90厘米）的展盘用液体展现了太阳内部对流；投影器械照出超新星
的爆炸和太阳的炙热表面；小行星和彗星冲击则有展板呈现；在《天文简
报》（*AstroBulletin*）杂志区，高达13.5英尺（约4米）的高画质显示屏上，最
新出炉的宇宙图像与天文消息应有尽有。深受观众喜爱的还有一组秤具，
它们能够计算你在太阳、月球、土星、木星和中子星上的体重各为多少。在
楼上的天体物理学部，探秘宇宙前沿的科研人员正在使用南非大望远镜
（Southern African Large Telescope）和其他观测站，在本馆和国家超级计算
机的帮助下，研究行星、恒星，以及银河系的演变。

大卫·S.与露丝·L.戈特斯曼之

地 球 厅

这里没有装着单调石头的积灰的展柜，却有巨大的石板林立，请仔细看，仔细摸，它们中的每一块，都有一段故事可说。

No drab rocks in dusty cases here. Instead, huge slabs of stone welcome scrutiny and touch, and each has a tale to tell.

　　大陆漂移，山峦销蚀，海洋升起，冰川流动，生命所需的化学要素在地壳与地幔之间循环往复，为我们生机勃勃的家园注入活力。此厅中的 168 件精彩标本是从 82 吨岩石和矿石中精挑细选出来的，这些材料是本馆 28 次远征的成果，来源地远近不一，远到南极洲，近到与本馆毗邻的中央公园。其中最古老的是澳大利亚出土的锆石（zircon）晶体，形成于距今四十亿年前。而最晚近的则是一块硫黄，1998 年时成型于印度尼西亚的一座火山之内。深海海床的水压可以把一切压碎，但深海热液喷口（sulfide chimney）却耸立如林，生命很可能最早就是出现在这些孔道周围，诞生于黑暗之中；本馆的冰芯（ice core）出土于格陵兰岛，是世界上保存最为完好的标本之一，它忠实记载了过去一万零八百年的气候变化。不只是会说话的冰芯，"地球简报"（Earth Bulletin）显示屏所播放的关于地震、风暴和气候变化的小短片也在不断提醒我们，地球的故事未完待续。

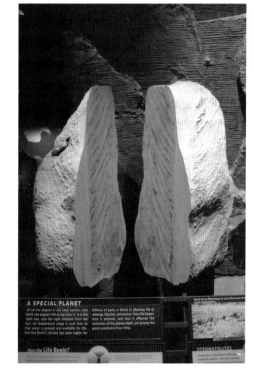

A SPECIAL PLANET

Of all the objects in our solar system, only Earth can support life as we know it. It is the right size, and the right distance from the Sun. Its temperature range is such that its free water is present and available for life. And the Earth's climate has been stable for billions of years, a factor in allowing life to emerge, flourish, and evolve. How life began, how it evolved, and how it affected the evolution of the planet itself, are among the great questions of our time.

How Did Life Begin?

STROMATOLITES

亚瑟·罗斯之

陨石厅

陨石极为罕见，因为这些行星和小行星的碎片要耐受
穿越大气层时的灼热才能降落到地球表面。

Meteorites — fragments of planets and asteroids that
survive a fiery passage through the atmosphere to land
on Earth — are rare.

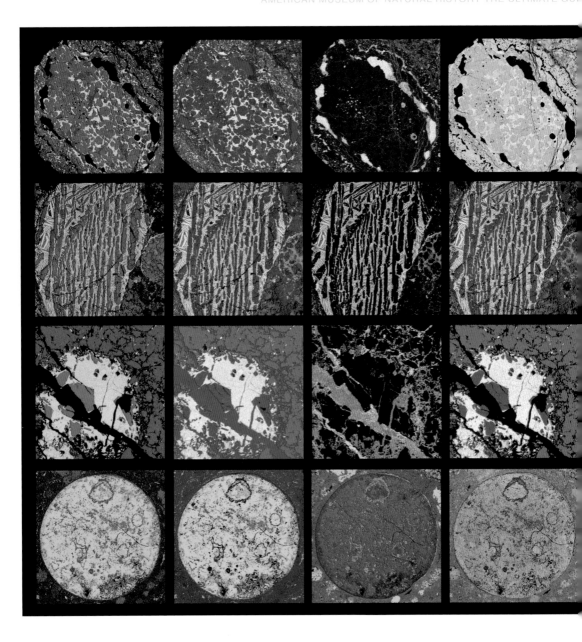

此厅所展出 130 余件珍贵的标本中，有博物馆最古老和最巨大的藏品。陨石是太阳系形成后的残余，所以它们大多保留有太阳和行星形成演化的线索。陨石上发现的某些微量矿物颗粒甚至比太阳的形成还要早。1900 年，J.P. 摩尔根（J. P. Morgan）买下了费城实业家克拉伦斯·S. 贝门特（Clarence S. Bement）的矿物收藏，并将 12 300 件精美的标本尽数捐赠给了博物馆。装运这批藏品动用了两节火车车厢，其中的 580 件珍贵陨石构成了此厅陈列的核心，也赋予了此厅世界一流的品质。随着科技的进步，我们解读这些异世界远道而来的标本所含信息的手段也在精进，这批藏品的科学价值因此大为提升。新入藏的标本还包括火星上采集而来的陨石，以及距今五十亿年前的神秘的纳米金刚石。阿波罗登月行动时宇航员所采集的三类月球岩石亦在此厅陈列之中。

HARRY FRANK GUGGENHEIM
HALL OF MINERALS

MORGAN MEMORIAL
HALL OF GEMS

哈里·弗兰克·古根海姆之

矿物厅

摩根纪念堂之

宝石厅

大约 118 000 件标本——包括 114 000 件矿物标本和 4 000 件宝石——构成了博物馆世界级的矿石馆藏。

Some 118,000 specimens—114,000 minerals and 4,000 gems—make the Museum's collection one of the world's greatest.

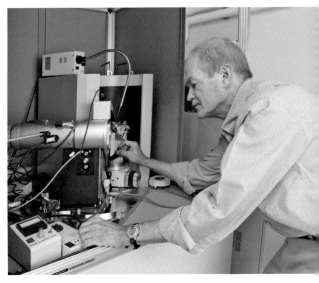

　　这两座展厅里所呈现的,不足博物馆全部矿石馆藏的 4%。古根海姆矿物厅中的几乎所有展品,都保留了它们出土时的模样,而摩根宝石厅中的石块则是千雕万琢,这才带出了宝石的光泽、色彩和质地。此厅中的珍宝有迄今为止发现的最大的蓝色托帕石(topaz),亚利桑那出土的重达 4.5 吨的蓝铜 – 孔雀石矿柱(azurite-malachite ore)(上页图),波兰出土的软玉(nephrite)翡翠石板,还有重达 632 克拉的派翠西娅祖母绿(Patricia Emerald)[1] ——一颗世所罕见的未经加工的大型宝石级祖母绿。这两座展厅设计效仿矿洞内部,重现了宝石坑的构造,通过合成钻石和其他标本模型向公众科普矿物学知识。地球和行星科学部仍有进行中的研究项目,因此博物馆馆藏也在不断充实。在华丽陈列的背后,地质学家正在悄然进行着科学研究。为什么有的火山爆发如此剧烈?翡翠的化学成分究竟是什么?气候变化的后果会是怎样?行星内部其他变化过程又是如何?这些都是他们正在探索的问题。

1. 译者注 2
这宝石 1920 年出土于今天哥伦比
的穆沃尔,矿主以他女儿的名字
翠西娅(Patricia)命名这颗宝石

/ 左图 /
名为"印度之星"的星彩蓝宝石(
sapphire)以其尺寸之大和材质
著称,它形成于距今大约两百
前,出土于今天斯里兰卡境内。
的图案从宝石的正反两面都能看
这是宝石内细微的金红石(rut
反射光线所致。

/ 右图 /
地球与行星科学部的研究设施
实验岩石学研究室,傅里叶变
外线光谱实验室,X 光衍射实验
以及微探针实验室。

展陈与教育

EXHIBITION
AND EDUCATION

在最近的一个陈列里，我们再现了
新西兰怀托莫溶洞（Waitomo Cave）
内洞顶的景象，萤火虫的幼虫分泌
出带着大颗液滴的黏液丝[1]，它们尾
部发出的光反射在液滴上，如梦如
幻，令人赞叹不已。

① 译 者 注 ：
有研究表明，这种黏液丝其实是萤
火虫幼虫的尿液，用于引诱其他昆
虫落网。

EXHIBITIONS

展陈

活体蝴蝶，丝绸之路，生物发光。每年博物馆都会奉上精彩纷呈的临展，并用色彩明亮的条幅标示，悬挂在博物馆正门。

Live butterflies. The Silk Road. Bioluminescence. Announced on colorful banners out front, these are the kinds of temporary exhibitions that the Museum produces every year.

　　特展是对永久陈列的重要补充，是深入探索形形色色科学议题和动物群体的好机会。张罗这些特展可远不只是把在后台积灰的标本拿出来用这么简单。每个特展幕后，都有博物馆科学家与其他团队的密切合作，那可是本馆自主，屡屡斩获大奖的创作部门，团队包括脚本作者、画师艺人、标本制作师、建筑师，以及图像和互动设备的设计师。不论是重现罗伯特·F. 斯科特（Robert F. Scott）的南极营舍，还是制作模拟大脑神经突触的互动陈列，他们的作品无不精美精彩，于科学上又毫无疏漏，既经得起时间考验，又能突破一切文化隔阂（因为无论是何时，都有几十个这样的临展在世界各地上演，从阿根廷到澳大利亚）。特展的叙事是三位一体的，既是传授知识，又是讲述故事，也会带点表演。每个特展都会展现科学家们奋斗在一线的场景，这是为了让观众明白，科学是一种职业，一个过程，也是我们在这个世界存在与思索的一种方式。

DISCOVERY ROOM

发 现 室

在这里，你可以亲自上手探索，所以人人都是科学家。

In the Museum's center for hands-on exploration, everyone is a scientist.

　　在"发现室"（Discovery Room），孩子们处处都能上手：他们握着放大镜，他们拉开抽屉观察甲虫，他们小心翼翼地把马达加斯加蟑螂（Madagascar hissing cockroach）捧在掌心，他们一开一合把玩夸夸嘉夸族人的虎鲸面具，他们把史前爬行类迅猛鳄（*Prestosuchus*）的化石拼成骨架，他们从土里发掘出一窝恐龙蛋。孩子们来到这里听各种各样的故事，从天上的恒星到水里的海星，然后到展厅中去搜寻这些展品。年纪稍大一些的孩子则到二楼去，在那里通过一台三筒地震仪，实时追踪地震的发生，或是用专业显微镜，观察中央公园池水里到底是什么东西在蠕动。孩子和家长还能在这里与科学家会面，向他们提问，观察标本和器物，本馆所有的研究领域在此都有呈现。这样的科学对话当然也不止于发现室，不论是在大独木舟的船舷下，还是在馆内的展厅里，或者在饭堂的餐桌上，科教仍在继续。这也正是"发现室"的意义所在。

全年龄全阶段学习

LEARNING FOR EVERY AGE AND STAGE

一年四季，数以千计的学生以博物馆为家。早间探险各展厅时，参加"科学与自然"项目的学龄前儿童们纷纷戴上安全帽，学着像自然学家那样观察世界。"科学冒险"夏令营让初中生领略各个学科及其相关藏品的奥妙。"科研指导"项目（Science Research Mentoring）则让高中生有机会与博物馆的科学家并肩工作，参与到那些为期一整年的科学项目中去。

教育教师一直是博物馆的使命之一。如今，博物馆每年招募四千多名中小学教师，通过研讨会、系列课程、教育者夜谈和线上内容等手段（比如"科学讨论会"在线课程），助力其职业发展。博物馆牵头的"城市优势"项目（Urban Advantage）是一种创新性的伙伴关系，我们与纽约市教育部和八处科学性质的文教机构合作，为数以千计的当地师生提供广泛的教育资源。

最后，我们为公众准备了一系列活动项目，让终生学习成为可能，其中就有玛格丽特·米德电影节（Margaret Mead Film Festival），还有每月一次在下班时间举行的"科学酒会"（SciCafe），鸡尾酒杯觥筹交错，人们在此探讨科学前沿问题。

图书在版编目(CIP)数据

美国自然博物馆终极指南 /(美)阿什顿·阿普尔怀特
(Ashton Applewhite)著;沈辛成译. — 重庆 : 重庆大学出
版社, 2020.12
(自然的历史)
书名原文:American Museum of Natural History
The Ultimate Guide
ISBN 978-7-5689-2051-3

Ⅰ. ①美… Ⅱ. ①阿… ②沈… Ⅲ. ①美国自然博物馆-美
国-指南 Ⅳ. ①N287.12—62

中国版本图书馆CIP数据核字(2020)第035713号

美国自然博物馆终极指南
meiguo ziran bowuguan zhongjizhinan

[美]阿什顿·阿普尔怀特 著

沈辛成 译

责任编辑 王思楠
责任校对 邹 忌
责任印制 张 策
装帧设计 武思七 @[e]-De-SIGN

重庆大学出版社出版发行
出 版 人 饶帮华
社 址 (401331)重庆市沙坪坝区大学城西路21号
网 址 http://www.cqup.com.cn
印 刷 北京利丰雅高长城印刷有限公司
开 本 720mm×960mm 1/16 印张:11.25 字数:186千
版 次 2020年12月第1版 2020年12月第1次印刷
I S B N 978-7-5689-2051-3
定 价 88.00元